大展好書 ✕ 好書大展

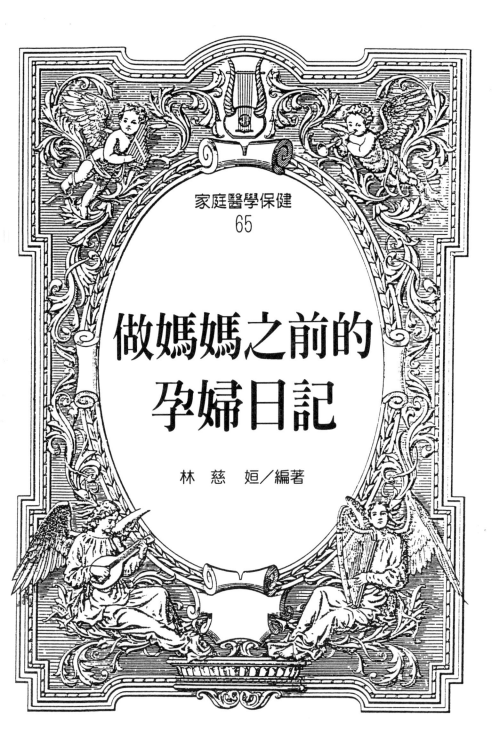

家庭醫學保健
65

做媽媽之前的
孕婦日記

林 慈 姮／編著

前　　言

　　在妳體內孕育十個月的另一個小生命，妳必須要好好的養育它。

　　小生命以 1cm 或 10g 的方式逐漸成長，而妳的身體也逐漸產生變化。以往無關緊要的小事，現在可能會駐足、回顧、深受感動，有時甚至會落淚。這是因為「小生命」使妳逐漸變成「母親」而產生的影響。雖然它沒出聲，卻教導妳很多事情。

　　這十個月內，兩人戲劇性的旅行可記錄於日記中，這個「小生命」誕生於這個世界後，等它與別人相愛，為人父母之後，可以把日記當成最愛的贈禮送給他……，抱持這樣的心態來寫日記吧！

　　希望本書能使妳的不安變成笑容，使妳與「小生命」之旅變成最大的幸福。

目 錄

孕婦月曆

懷孕期間一般是以「×個月」來計算，根據ＷＨＯ（世界衛生組織）的建議，醫院從 1979 年開始以「×週」來表示。

ＷＨＯ計算懷孕期間的方式，是將最後月經開始日定為懷孕○週○日，第 280 天為四十週○日，也就是預產期。但完全吻合預產期出生的例子很少。此外，預產期在第 280 天是指月經週期 28 天的人，若是 30 日型的人，預產期會延遲 2 天。

亦即預產期只不過是大致的標準，醫學觀點認為 37 週到 42 週，母子都處於良好的狀況下生產，則這個時期的分娩稱為正期產。總之，與其從最後月經來計算預產期，還不如由醫院以胎兒的測定結果來計算，這才是最正確的算法。

孕婦月曆的使用方式

首先將醫院計算出來的預產期填在表的四十週○日處。從這天開始回溯月曆填上日期，那麼就知道今天是懷孕第幾週，這就完成了只屬於妳的孕婦月曆。如果連健診日等都記錄下來，可以當成生產前的健康衡量標準。

月	週＼日	0	1	2	3	4	5	6
1 個月	0							
	1							
	2							
	3							
2 個月	4							
	5							
	6							
	7							
3 個月	8							
	9							
	10							
	11							
4 個月	12							
	13							
	14							
	15							
5 個月	16							
	17							
	18							
	19							
6 個月	20							
	21							
	22							
	23							
7 個月	24							
	25							
	26							
	27							
8 個月	28							
	29							
	30							
	31							
9 個月	32							
	33							
	34							
	35							
10 個月	36							
	37							
	38							
	39							
	40	▨						
	41							

▨ 中填入預產期

1個月

媽媽的身體

- 生理期停止。延遲 1 週以上就是懷孕了。
- 基礎體溫持續 2 週以上高溫期。
- 身體倦怠、發燙，出現類似感冒的症狀。
- 覺得噁心，有的人甚至開始孕吐。
- 覺得乳房腫脹。此外，乳頭發黑、稍微變大。
- 子宮如雞蛋般大小。

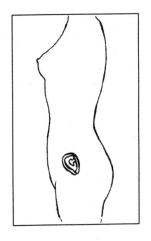

胎兒的狀態

- 身高約 1cm，體重約 1g。
- 頭佔身體的一半大，有長長的尾巴，好像海馬的形狀。
- 神經管最先形成，由這兒所出腦和脊髓。接著形成血管、循環器官等。
- 心臟在第 2 週結束時成形，第 3 週開始跳動。
- 還沒出現人類的特徵，生物學稱這時期為「胎芽」。

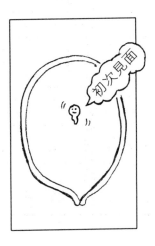

1 個月的檢查重點

　　大部分的人這時期都還未自覺到已經懷孕了。未察覺到懷孕而事後後悔就糟糕了，因此，必須經常意識到懷孕的可能性，注意整個生活。

- 排卵後別忘了可能會懷孕，要填基礎體溫表，了解自己月經的規則，則不論何時懷孕都沒問題。
- 懷孕初期對於德國麻疹不具有免疫力的母親，如果得了德國麻疹會生下先天異常兒。因此事前要檢查德國麻疹抗體，如果是陰性，就要接受預防接種。此外，預防接種 3 個月內必須避孕。
- 有宿疾的人，懷孕前要先和主治醫師商量。
- 有懷孕的可能性時，關於藥物的服用、X光等都要按照醫師的指示進行。
- 為避免缺乏蛋白質、鐵質、鈣質、維他命，要注意飲食的營養與均衡。
- 菸會阻礙胎兒的發育，造成極大的損傷，所以懷孕前就要開始努力戒菸。此外，不要喝太多酒。

媽媽的身體

- 胃不舒服,對於氣味敏感,會嘔酸水、想吐,或出現孕吐症狀。
- 身體發燙、倦怠,嗜睡。
- 子宮逐漸增大而壓迫膀胱,造成頻尿,有時腹部和腰部發脹。
- 乳房發脹、乳頭敏感。
- 子宮如鵝蛋般大。

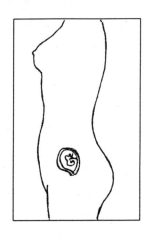

胎兒的狀態

- 身高約 2.5cm,體重約 4g。
- 第 5 週(這兒所顯示的週數是指懷孕週數)出現手腳的雛形。
- 第 7 週時,尾巴逐漸變短,可以區別出頭、身體和手腳。手指的指甲部分已經形成。
- 眼、鼻、耳開始成形。
- 腦和脊髓的神經細胞約完成了 80%。
- 胃和肝臟也開始分化。

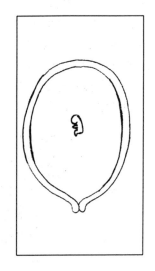

4 週　　〈2 個月〉

月 日 （星期　　）	
月 日 （星期　　）	
月 日 （星期　　）	
月 日 （星期　　）	
月 日 （星期　　）	
月 日 （星期　　）	
月 日 （星期　　）	

〈MEMO〉　　　　Weight　　　　kg

2 個月的檢查重點

月經延遲，發現懷孕時，大多已進入了第 2 個月。開始孕吐。每天的生活中要注意以下的事項。

- 預定月經延遲 2 週以上時就要到婦產科接受醫師的診察。關於疾病、目前服用的藥物等也要和醫師商量。
- 看內科、牙科時要告知醫師有懷孕的可能性。如果發高燒、症狀嚴重時，不要忍耐，可以請醫師開安全的藥物。
- 以前有過流產、早產經驗的人要告訴醫師。
- 可以請婦產科醫師開鐵劑或便秘藥來服用。
- 避免疲勞和睡眠不足。
- 別只注意到孕吐的問題，要把注意力擺在其他的事上。
- 想吃的時候就吃，還要充分攝取水分。
- 如果很難刷牙，可以利用漱口水漱口。
- 孕吐症狀輕微的人，要注意不可活動過量。
- 避免走在擁擠的人群中或和寵物過度接觸。

5 週　　〈2個月〉

月 日 （星期　　）	
月 日 （星期　　）	
月 日 （星期　　）	
月 日 （星期　　）	
月 日 （星期　　）	
月 日 （星期　　）	
月 日 （星期　　）	

〈MEMO〉　　　　　　Weight　　　　　　kg

選擇醫院的重點

要選擇妳自己信賴的醫院，要有「在這兒能安心生產」的感覺。

①醫院的氣氛如何？

②人員是否親切？

③採用何種生產方針（自然分娩、計畫分娩、拉梅茲法、和痛分娩、無痛分娩、麻醉分娩、主動生產等）？

④丈夫是否能陪同生產？

⑤母乳主義或母子同室制等產後的情況如何？

⑥分娩費用多少？

⑦緊急時的處理是否周全？

除了以上事項之外，還有離家的距離，還要聽聽在該家醫院有生產經驗者的風評，再加以選擇。

〔醫院的種類〕

●大學醫院…進行產科醫學等最尖端的研究。如果曾因不孕症等而到過這家醫院就可更安心了。

●綜合醫院…不必到大學醫院去，在綜合醫院不論遇到什麼狀況也能安心。缺點是候診的時間較長。

●個人醫院、婦產科…容易放鬆，經營者、醫師的作法非常明確，最重要的是必須確認分娩方法。

●助產院…預料能正常分娩的生產設備。有家的感覺。

6 週　　　〈2個月〉

月 日 （星期　）	
月 日 （星期　）	
月 日 （星期　）	
月 日 （星期　）	
月 日 （星期　）	
月 日 （星期　）	
月 日 （星期　）	

〈MEMO〉　　　　　Weight　　　　　kg

初診備忘錄

初診時，醫師會詢問許多事項，所以要事先檢查。

● **關於月經方面**
　①初經的年齡＿＿＿歲
　②最後月經的初日＿＿＿年＿＿＿月＿＿＿日
　③最後月經的日數與量是否與平常一樣＿＿＿＿＿
　④平常月經為幾日型，持續幾天＿＿＿日型＿＿＿日間
　⑤月經量＿＿＿＿＿＿＿＿＿＿＿＿＿＿＿＿＿＿＿
　⑥月經時是否有疼痛與不快感＿＿＿＿＿＿＿＿＿

● **關於結婚、懷孕、生產**
　①結婚幾年＿＿＿年
　②有無流產、墮胎、分娩經驗＿＿＿＿＿＿＿＿＿
　③到目前為止，懷孕、分娩的異常狀況為＿＿＿＿

● **以往曾罹患過的疾病與手術**
　①以前得過何種疾病及其當時的年齡？特別是關
　　於心臟、腎臟、肝臟的疾病以及糖尿病、性病
　　等＿＿＿＿＿＿＿＿＿＿＿＿＿＿＿＿＿＿＿＿
　②是否曾因為藥物或注射而引起副作用＿＿＿＿
　③是否曾接受過輸血＿＿＿＿＿＿＿＿＿＿＿＿＿
　④目前是否有類似孕吐的症狀，程度如何＿＿＿
　⑤是否為過敏體質〔氣喘、異位性皮膚炎、藥劑
　　過敏、其他〕＿＿＿＿＿＿＿＿＿＿＿＿＿＿＿
　⑥有無德國麻疹抗體＿＿＿＿＿＿＿＿＿＿＿＿＿

● **關於丈夫及家族**
　①丈夫的健康狀況＿＿＿＿＿＿＿＿＿＿＿＿＿＿
　②家族或近親者是否有遺傳性的疾病＿＿＿＿＿

● **關於抽菸和喝酒**
　①是否有抽菸和喝酒的習慣＿＿＿＿＿＿＿＿＿

7 週 〈2個月〉

月 日 (星期)	
月 日 (星期)	
月 日 (星期)	
月 日 (星期)	
月 日 (星期)	
月 日 (星期)	
月 日 (星期)	

〈MEMO〉 Weight kg

照片

年　　月　　日　星期　　天氣

拍一張知道自己懷孕時，
那種充滿喜悅的照片吧。

⟨FREE MEMO⟩

媽媽的身體

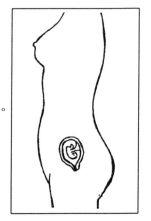

- 是孕吐嚴重的時期，不過到後半期時症狀會逐漸減輕。
- 可能會出現便秘、下痢、胃痛、頭痛、頭暈等現象。
- 下腹部有時會有輕微的疼痛感。
- 子宮增大的時期，膀胱受到壓迫、頻尿。
- 乳房腫脹，乳暈、乳頭顏色發黑。
- 子宮如握拳般大小。

胎兒的狀態

- 身高約 8～9cm，體重約 20g。
- 從「胎芽」被稱為「胎兒」的時期。
- 尾巴消失，為三頭身左右。
- 形成人類的臉龐。
- 皮膚還是透明的，血管和內臟清晰可見。
- 腦成長快速，一天會產 5000～6000 萬個神經細胞。
- 可從外觀區別性別。
- 開始在羊水中自由活動。

8 週 〈3個月〉

月 日 （星期　　）	
月 日 （星期　　）	
月 日 （星期　　）	
月 日 （星期　　）	
月 日 （星期　　）	
月 日 （星期　　）	
月 日 （星期　　）	

〈MEMO〉　　　　　　Weight　　　　　　kg

3 個月的檢查重點

　　3 個月之前是極易流產的時期，絕對不能夠勉強。要避免劇烈運動以及長時間開車等，行動儘可能緩慢，多花點時間也沒關係。

- 居住地的衛生所會給予母子健康手冊。
- 若知道是雙胞胎還可以多拿一本母子健康手冊。
- 記錄懷孕時體重增加的圖表。
- 穿低跟、不容易滑的鞋子。
- 避免擁擠的時刻外出。
- 避免腹部和腳受涼。
- 有出血或下腹部疼痛等流產的徵兆時必須要注意，擔心的話要和醫師連絡。
- 若是重症孕婦（妊娠惡阻）一定要接受醫師的診斷。
- 因為荷爾蒙的關係，是容易便秘的時期。持續便秘會使孕吐更為嚴重，要儘早採取便秘對策。便秘嚴重時可以請婦產科醫師開藥。
- 多攝取纖維質，要有均衡、營養的飲食。
- 要和醫師商量時，健診前別忘了事先做好記錄，到時就比較方便。
- 每次都要拿收據，以便日後申報。

9 週　　　〈3個月〉

月 日 （星期　　）	
月 日 （星期　　）	
月 日 （星期　　）	
月 日 （星期　　）	
月 日 （星期　　）	
月 日 （星期　　）	
月 日 （星期　　）	

〈MEMO〉　　　　　Weight　　　　　kg

懷孕初期的問題〈孕吐〉

懷孕初期最痛苦的就是孕吐。孕吐是警告妳「持續以往的生活會對懷孕造成過強的壓力」。

● 孕吐的症狀

①噁心。②食慾不振。③想吐。④嘔吐。⑤胃灼熱。⑥嘔酸水。⑦食物的喜好改變。⑧對氣味敏感。⑨舌頭乾燥。⑩口臭。⑪口渴。⑫身體倦怠。⑬嗜睡。⑭噯氣。⑮暈車。⑯在擁擠人群中覺得不舒服。⑰皮膚沒有滋潤感。⑱尿量減少。⑲輕微發燒。⑳脈搏跳動加快。㉑便秘更嚴重。㉒情緒低落。

● 孕吐的程度與時期

具有個人差，不過八成的孕婦都會孕吐。第 5～6 週開始，大部分的人在第 14～16 週就能痊癒，有的人則會一直持續到生產。

● 孕吐的對策

①不要空腹。②想吃什麼就吃什麼。③料理的氣味是孕婦的大敵，因此要請家人幫忙。④飯後要休息，等待食物穩定的落入胃中，然後刷牙。

孕吐的症狀一定會消失。痛苦時要儘量休息，很嚴重就必須看醫師。

孕吐容易嚴重型

神經質的人

瘦子或胖子

胃腸較弱者。肝或腎有病的人

便秘

任性的人

容易暈車的人

_10_ 週　　　〈 3 個月 〉

月 日 （星期　　）	
月 日 （星期　　）	
月 日 （星期　　）	
月 日 （星期　　）	
月 日 （星期　　）	
月 日 （星期　　）	
月 日 （星期　　）	

〈 MEMO 〉　　　　　Weight　　　　　kg

流產與流產預防

好不容易懷孕的胎兒流掉了，當然非常悲哀。流產佔全懷孕的 10～15%，30～40 歲為 17～18%，40 歲以上為 25%，機率相當高。

● **流產的徵兆與種類**

懷孕滿 23 週之前，胎兒在子宮內死亡或分娩時死產，稱為流產。懷孕 2、3 個月特別容易流產，由於胎兒還沒完全發育，大多是屬於進行流產。此外，流產徵兆包括出血和下腹部疼痛，但有時胎兒還是可以順利的成長。這種情況稱為迫切流產，需要住院靜養，如此才可能不流產，能夠繼續懷孕。

● **流產的原因**

初期的流產可能是因為胎兒的染色體異常，或基因異常等問題所造成。母體方面，則可能是肌瘤等子宮問題，或者是感染症、糖尿病等，及壓力等精神疾病所造成的。

● **避免反覆流產**

流產後，等子宮內膜完全復原再懷孕比較安全。至少要間隔 3 個月。反覆流產會對精神造成極大的打擊。有過 3 次以上流產經驗的人，一定要詳細調查。

流產的預防

①避免下腹部用力或長時間站立

②別使身體著涼

③避免精神壓力

④過度疲勞

⑤減少性行為的刺激

⑥注意下痢

// 週　　　　　　〈3個月〉

月 日 （星期　　）	
月 日 （星期　　）	
月 日 （星期　　）	
月 日 （星期　　）	
月 日 （星期　　）	
月 日 （星期　　）	
月 日 （星期　　）	

〈MEMO〉　　　　　　Weight　　　　　　kg

4 個月

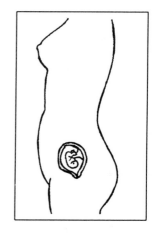 媽媽的身體

∽∽∽∽∽∽∽∽∽∽∽∽∽∽∽∽∽

- 第十四週開始,基礎體溫下降,身體趨於穩定。
- 有的人還會持續孕吐。
- 胎盤完成,減少了流產的危險性。
- 會引起貧血、便秘、浮腫、腰痛等各種問題。
- 子宮如兒童的頭一般大小。
- 滿 15 週時,子宮底的高度為 5～15cm 左右。

胎兒的狀態

∽∽∽∽∽∽∽∽∽∽∽∽∽∽∽∽∽

- 身高約 16cm,體重約 120g。
- 骨骼和肌肉發達。
- 手和腳開始稍微活動,會吸吮手指。
- 內臟大致完成。
- 皮膚厚度增加,變得比較強健。表面開始長胎毛。
- 四個月時,胎兒的耳可以聽到子宮外的聲音,對於突然出現的大聲音會產生反應。

12週　　　〈4個月〉

月 日 （星期　　）	
月 日 （星期　　）	
月 日 （星期　　）	
月 日 （星期　　）	
月 日 （星期　　）	
月 日 （星期　　）	
月 日 （星期　　）	

〈MEMO〉　　　　　Weight　　　　　kg

4 個月的檢查重點

　　孕吐已經痊癒的時期。儘可能早、中、晚都規律的攝取營養均衡的飲食。

- 為了強健自己的牙齒與骨骼，和為了胎兒著想，要多攝取鈣質。
- 產後會很忙碌，所以趁現在開始治療牙齒。
- 生產後還要持續工作的人要向上司報告，調查關於生產、育兒休假的問題。也要考慮產後寄放嬰兒處，如托兒所等的問題。
- 家事只要做平常的百分之八十就夠了。
- 有工作的人可以請家人分擔家事。
- 購物僅止於可以單手拿的範圍。較大或較重的東西趁丈夫休假時一起去買。
- 打掃浴室時腳步要踩穩，使用吸塵器時柄要長些，避免彎腰。
- 可以洗衣服，但最好利用洗衣店。
- 分泌物增加，所以要勤換內褲。
- 有的人腰會有沈重感。要注意性行為的清潔，在不勉強的範圍內避免深插入。
- 要積極參加媽媽教室、父母教室。

13 週　　〈4個月〉

月 日 （星期　）	
月 日 （星期　）	
月 日 （星期　）	
月 日 （星期　）	
月 日 （星期　）	
月 日 （星期　）	
月 日 （星期　）	

〈MEMO〉　　　　Weight　　　　kg

胎　教

現代的胎教是指為胎內的胎兒以及母親兩人調整良好的環境。

●聲音與胎兒

胎兒的聽覺發育得很早，在懷孕中期就已經完成了。胎兒在媽媽的肚子裡，聽得到外界的噪音以及媽媽的聲音、夫妻吵架的聲音。所以媽媽最好聽一些可以放鬆的音樂，對胎兒也是很舒適的刺激，可以促進胎兒發育。

●飲食與胎教

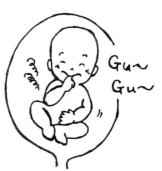

媽媽空腹，胎兒也會空腹而吮手指。因此，懷孕時要經常給予胎兒營養的食物。攝取均衡營養的飲食，媽媽也可以享受美味飲食的滿足感，對肚裡的胎兒也有好的影響。

●母親心態的影響

母親焦躁或者是受到驚嚇，會使壓力荷爾蒙分泌，而這些感覺也會傳達給胎兒。當母親承受壓力時，胎兒也會受到驚嚇而縮著身體。因此，懷孕時要盡量過著輕鬆、安心的生活。

14 週　　　　〈 4 個月 〉

月 日 （星期　）	
月 日 （星期　）	
月 日 （星期　）	
月 日 （星期　）	
月 日 （星期　）	
月 日 （星期　）	
月 日 （星期　）	

〈 MEMO 〉　　　　Weight　　　　kg

母子保健法

懷孕後要拿印章到區公所內的衛生所去交付懷孕通知，這時為了母子健康會拿回一本「母子健康手冊」。

● 母子健康手冊的內容

母子健康手冊是記錄懷孕的經過及生產的狀況。在某些國家，可以拿著母子健康手冊在懷孕前期和後期免費接受一次健康診斷。

免費健康診斷的項目包括診察、血色素各項檢查、血壓測定、尿液檢查、HBs 抗原檢查（B型肝炎帶原檢查）等等。

● 請儘量利用衛生所

對於因為經濟情況而無法接受定期健診的人，母子保健法允許在衛生所或自治團體指定的醫院接受孕婦健診。如果健診發現異常時，除了可以免費接受精密檢查之外，若是因為妊娠中毒症或糖尿病而住到指定的醫院，一部分的治療費用可以由公費來負擔。

此外，還開闢媽媽教室，可以商量懷孕、生產的問題，所以請儘量利用衛生所。

15週

〈4個月〉

月 日 （星期　）	
月 日 （星期　）	
月 日 （星期　）	
月 日 （星期　）	
月 日 （星期　）	
月 日 （星期　）	
月 日 （星期　）	

〈MEMO〉　　　　　Weight　　　　　kg

照　片

5 個月開始進入懷孕中期。拍張腹
部逐漸明顯隆起的紀念照片吧。

〈FREE MEMO〉

媽媽的身體

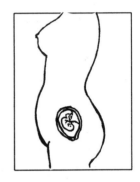

- 孕吐停止，產生食慾，是體重增加的時期。
- 乳腺發達，乳房增大，乳頭顏色變深。
- 有時會分泌出黃色的乳汁。
- 子宮如大人的頭一般大小。
- 子宮底為 14～18cm。

胎兒的狀態

媽媽，我在這裡唷！

- 身高約 25cm，體重約 250g。
- 胎兒活動旺盛，母親可以感覺到胎動。
- 全身覆蓋胎毛，手指和腳趾長指（趾）甲，開始出現指紋。
- 有時會吸吮手指。
- 大腦部分非常大，表面有皺褶。

16週 〈5個月〉

月 日 （星期　）	
月 日 （星期　）	
月 日 （星期　）	
月 日 （星期　）	
月 日 （星期　）	
月 日 （星期　）	
月 日 （星期　）	

〈MEMO〉　　　　　　Weight　　　　　　kg

5 個月的檢查重點

　　是肚裡的胎兒心臟跳動旺盛的時期。媽媽一定要平心靜氣，優閒的過日子。

- 一個月約增加 1 公斤的體重較為適當。
- 定期健診會加上浮腫、腹圍、子宮底的測定等項目。
- 無異常的人可以開始做孕婦體操。
- 開始進行孕婦游泳，或孕婦有氧運動等孕婦的運動。但不可以太過於熱衷，僅止於快樂進行而已。
- 在這時期可以綁腹帶或孕婦束腹。
- 準備好懷孕後期都還可以使用的孕婦用內褲、孕婦裝。
- 5～7 個月時可以旅行。
- 如果不得不搬家，趁現在搬家，但必須事先做好準備計畫，確實找好搬家公司。
- 身邊的化粧品可能已經不適合了，要改成刺激較少的化粧品。診察時不要化濃粧，以免醫師看不清楚妳的臉色。

*17*週　　　〈5個月〉

月 日 （星期　　）	
月 日 （星期　　）	
月 日 （星期　　）	
月 日 （星期　　）	
月 日 （星期　　）	
月 日 （星期　　）	
月 日 （星期　　）	

〈MEMO〉　　　　　Weight　　　　　kg

關於胎動

胎動是可以清楚確認小生命、了解胎兒健康的指標。

● 17 週～20 週時首次感覺胎動

一般而言，初產在 18～19 週，經產婦在 17～18 週時會感覺到胎動。不論早或晚出現胎動都不用擔心。

● 經由胎動了解胎兒的規律

胎動可使我們了解胎兒是睡著或清醒等生活規律。睡著時當然不會動，但有時會翻身。清醒時會伸懶腰、吸吮手指，或藉由臍帶玩遊戲，所以會感覺到胎動。

● 胎動的訊息

一般而言，胎動旺盛表示孩子很有元氣。當母親吃了美味食物而感覺滿足時，胎動也會非常旺盛。當然，也會出現相反的情況。

例如，母親仰躺睡覺，子宮壓迫到母親重要的血管，血壓下降而呼吸困難，這稱為仰臥位低血壓症候群，雖然有足夠的氧送到胎兒處，但有時它還是會因為痛苦而胎動。

有的胎兒一整天都不停止胎動，這表示胎兒可能有一些狀況，必須接受醫師的診察。

18 週　　　〈 5個月 〉

月 日 （星期　）	
月 日 （星期　）	
月 日 （星期　）	
月 日 （星期　）	
月 日 （星期　）	
月 日 （星期　）	
月 日 （星期　）	

〈MEMO〉　　　　Weight　　　　kg

安產的體重管理

　　妳認為懷孕一定會發胖嗎？懷孕中過胖則產後體重無法減輕，容易罹患疾病。

●變胖 12 公斤以上容易變成難產

　　過胖則脂肪會附著於產道，胎兒的通道變得狹窄，會拖長分娩的時間。分娩時間過長，母親和胎兒都會非常疲累，容易導致難產。

●過胖容易產生疾病

　　過胖會使膽固醇積存於血管內，老廢物增多，血管失去彈性而引起高血壓或妊娠中毒症。妊娠中毒症的三大症狀是高血壓、浮腫、蛋白尿，所以要注意不可過胖。

●理想體重

　　胎兒約增加 4.5 公斤，母體約增加 4.5 公斤，總計增加 9 公斤的體重，再加上生產時所需要的皮下脂肪 2 公斤，因此，以增加 11 公斤為理想體重。而原本肥胖型的人，只要增加 5 公斤就夠了。

　　從懷孕 4 個月開始產生食慾，最好控制 1 週只增加 300g 的體重。懷孕 24 週開始，有的人體重會急速上升，瘦子增加 12 公斤，普通型的人增加 10 公斤，胖子增加 8 公斤，這是體重增加的上限。

避免發胖的心理準備

1.不可以吃零食

2.積極的活動身體

3.高蛋白、低熱量的飲食，控制鹽分的攝取量

19週 〈5個月〉

月 日 （星期　　）	
月 日 （星期　　）	
月 日 （星期　　）	
月 日 （星期　　）	
月 日 （星期　　）	
月 日 （星期　　）	
月 日 （星期　　）	

〈MEMO〉　　　　　Weight　　　　　kg

媽媽的身體

- 腹部隆起的情況非常明顯。
- 容易蛀牙及貧血。
- 體重增加，容易腰痛。
- 乳暈出現如米粒般的顆粒，乳房增大。
- 下半身的靜脈受到壓迫，容易形成痔瘡或靜脈瘤。
- 分泌物增多。
- 頻尿。
- 子宮底的高度為 18～20cm。

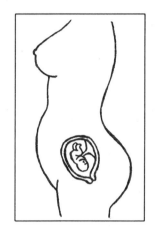

胎兒的狀態

- 身高約 30cm，體重約 600～750g。
- 在羊水中自由的游泳。
- 由奶油般的脂肪所覆蓋。
- 頭髮增多，開始長睫毛和眉毛。
- 喝羊水由胃腸吸收。成為尿排出，尿又成為新鮮的羊水。
- 腦的記憶裝置發達，能記住母親的聲音，也能依稀感覺到氣味。

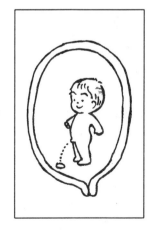

20週 〈6個月〉

月 日 (星期　　)	
月 日 (星期　　)	
月 日 (星期　　)	
月 日 (星期　　)	
月 日 (星期　　)	
月 日 (星期　　)	
月 日 (星期　　)	

〈MEMO〉　　　　　　Weight　　　　　　kg

6 個月的檢查重點

初產者這時期會感覺到胎動。體重 1 週不要增加 500g 以上。

- 要比平常攝取更多的蛋白質、礦物質、維他命。不可攝取過多的糖分。
- 睡眠時間最好為 7～8 小時。
- 注意便秘的問題，預防痔瘡。
- 要穿大小適當的胸罩保護乳頭，而且要開始護理乳頭。泡澡後要用冷霜按摩。乳頭陷凹或扁平的人要把乳頭拉出來。
- 注意別讓下半身著涼。
- 可以去海外旅行，但出發前要得到醫師的許可。此外，停留型的行程安排較多，不要帶太多行李。
- 腹部明顯隆起很難取得重心，因此穿好走路的鞋子，注意不要跌倒。

21週 〈6個月〉

月 日 （星期　）	
月 日 （星期　）	
月 日 （星期　）	
月 日 （星期　）	
月 日 （星期　）	
月 日 （星期　）	
月 日 （星期　）	

〈MEMO〉　　　　　　Weight　　　　　　kg

懷孕中期的問題〈貧血〉

一旦懷孕，有的人生理上容易貧血，懷孕 3 人中就有 1 人有貧血的現象。所以在懷孕初期、中期、後期要各接受 1 次檢查。

● **容易貧血的人**

懷孕前就有貧血傾向的人或懷孕前月經量較多的人、有子宮肌瘤的人、偏食的人、臉色不好的人等，都容易貧血，要多注意。

● **貧血會造成的問題**

貧血嚴重的話，分娩時會成為異常出血、休克的原因，還會拖長生產的時間。此外，產後母乳的分泌也會不順暢。

● **貧算的預防**

如果血紅蛋白質為 $11g/d\ell$ 以下，要多攝取含有鐵質的飲食。包括大豆類、海草類、蛋類、魚貝類、黃綠色蔬菜，要多攝取。懷孕後期，一天用 1～2 次鐵劑。醫院開出的鐵劑完全不會對嬰兒造成影響，所以要好好服用。服用鐵劑前後一小時不可喝茶、紅茶、咖啡，以免鐵劑吸收不良。

22週 〈6個月〉

月 日 (星期　)	
月 日 (星期　)	
月 日 (星期　)	
月 日 (星期　)	
月 日 (星期　)	
月 日 (星期　)	
月 日 (星期　)	

〈MEMO〉　　　　　Weight　　　　　kg

懷孕中的運動

為了安產以及避免過胖，懷孕中進行運動的母親增加了。首先是絕對不可以勉強，肚子發脹、身體倦怠，有點異常時就必須休息，要以輕鬆的心態享受懷孕中的運動。

● 孕婦游泳

在水中會忘記腹部的重量，容易活動。對於腰痛、背部疼痛、肩膀酸痛等非常有效，且可促進下半身血液循環。此外，換氣練習也有助於分娩時的呼吸法，具有各種優點。

★ 懷孕 16 週到預產期之前都可以游泳。

★ 剛開始時要得到醫師的許可。

● 孕婦韻律體操

藉由音樂活動身體，可以消除壓力，同時鍛鍊生產所需要的體力，還可防止過胖，有效的促進心肺機能。

★ 懷孕 14 週到預產期之前都可以進行。

★ 實際到孕婦韻律體操教室去詢問醫師較為恰當。

23週　　　〈6個月〉

月 日 （星期　）	
月 日 （星期　）	
月 日 （星期　）	
月 日 （星期　）	
月 日 （星期　）	
月 日 （星期　）	
月 日 （星期　）	

〈MEMO〉　　　　Weight　　　　kg

7個月

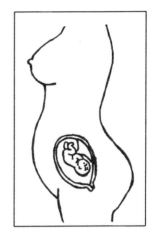 媽媽的身體

- 有貧血傾向。
- 子宮擠壓到骨盆深處和腸,因此容易出現便秘和痔瘡,還有頻尿的現象。
- 仰躺時覺得呼吸困難。
- 子宮比肚臍高 6～7cm,腹部突出。
- 由於姿勢後仰,背部和腰部會疼痛。
- 子宮底的高度為 21～24cm。

胎兒的狀態

- 身高約 35cm,體重約 1000～1200g。
- 皮下脂肪較少,因此臉型如老人般。
- 分出上下眼瞼,眼睛能張開。
- 聽得到外面的聲音。
- 腦的皺褶增加很多。
- 會找尋自己的手指放入口中,或用口和唇舔手。
- 頭髮長到 5 毫米左右。

24週　　　　　　〈 7個月 〉

月 日 （星期　）	
月 日 （星期　）	
月 日 （星期　）	
月 日 （星期　）	
月 日 （星期　）	
月 日 （星期　）	
月 日 （星期　）	

〈 MEMO 〉　　　　Weight　　　　　kg

7 個月的檢查重點

　　腹部隆起至上腹部，因此，很難保持平衡。上下樓梯要多注意。

- 想要取得身體的重心，因此，勉強用力背肌和腰而產生疼痛感。可以進行腰痛體操或指壓按摩。嚴重的人可以進行針灸治療。
- 要注意頭痛、高血壓、浮腫等妊娠中毒症的現象。出現這些症狀的人最好去看醫師。
- 不要攝取過多鹽分、熱量。
- 貧血以及起立性昏眩嚴重的人，要吃李子乾等補充鐵質。
- 準備好生產、住院用品新生兒的衣物。
- 找出能夠好好睡的姿勢。
- 不要穿勒緊身體的衣服。
- 如果腳浮腫就抬高腳休息。
- 注意早產的問題。要經常休息。

25週 〈 7個月 〉

月 日 （星期　）	
月 日 （星期　）	
月 日 （星期　）	
月 日 （星期　）	
月 日 （星期　）	
月 日 （星期　）	
月 日 （星期　）	

〈MEMO〉　　　　　Weight　　　　　kg

父親講座

丈夫必須支持、協助懷孕中的妻子。丈夫一定要積極參加 10 個月的生產過程，支持 2 人的新生命。

①家事

準備食物、購物、倒垃圾，積極的幫忙家事。此外，收拾好被子或打掃浴室、曬棉被，幫助妻子分擔家事。

②生活

由於荷爾蒙分泌的變化，孕婦精神狀態不穩定，容易焦躁或情緒低落，比較囉嗦……。這時，丈夫不要在意妻子的焦躁，仔細聆聽妻子的話，而且附和的說「是嗎，是嗎」。妻子懷孕中的不安與不快感超乎丈夫的想像，所以一定要以大而化之的心態包容妻子，儘量使妻子放鬆。

③性行為

懷孕中要以互相體貼的心情來進行性行為。要避免過度激烈的體位或激烈的性交運動、深入結合，一定要溫柔的進行，且要努力保持清潔。在容易流產的懷孕初期和容易早產的 9 個月之後，要特別慎重其事。

26週　　　〈7個月〉

月 日 （星期　　）	
月 日 （星期　　）	
月 日 （星期　　）	
月 日 （星期　　）	
月 日 （星期　　）	
月 日 （星期　　）	
月 日 （星期　　）	

〈MEMO〉　　　Weight　　　　　kg

預防早產

　　懷孕後期的勉強動作可能會引起早產。一旦早產則生下的嬰兒未發育完全。為了預防早產，一定要注意以下的事項。

必須注意早產問題的人

　　①雙胞胎或 3 胞胎等多胎的人。②妊娠中毒症、糖尿症或有這種傾向的人。③前置胎盤或有這種傾向的人。④子宮頸管無力症的人。⑤有子宮肌瘤的人。⑥生活過度疲勞或過度勞心的人。⑦過去有過早產經驗的人。以上這些人必須特別注意。

日常生活的注意事項

- 穿低跟鞋，避免跌倒。
- 不要長時間持續站立，搭車時儘量坐著。
- 不要拿重物。
- 上下樓梯腳步放慢，3 樓以上最好乘坐升降梯等。
- 不要突然站立，避免取高處物品等動作。

- 不要以中腰姿勢壓迫腹部。
- 洗澡時注意不要滑倒。
- 肚子發脹的話要立刻休息。
- 一定要接受健診。

27週 〈7個月〉

月 日 （星期　）	
月 日 （星期　）	
月 日 （星期　）	
月 日 （星期　）	
月 日 （星期　）	
月 日 （星期　）	
月 日 （星期　）	

〈MEMO〉　　　　　Weight　　　　　kg

照　片

年　　月　　日　星期　　天氣

即將到達懷孕後期。和肚裡很有
元氣活動的胎兒拍張紀念照吧。

〈FREE　MEMO〉

媽媽的身體

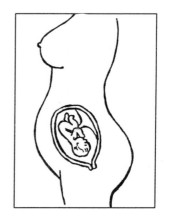

- 子宮底接近心窩附近的位置，壓迫到胃、心臟和肺。有的人甚至出現胃灼熱現象。
- 腹部變硬、發脹。
- 出現妊娠紋。
- 容易疲勞，感覺心悸。
- 出現斑點或雀斑，有的人手腳會浮腫。
- 子宮底的高度為 25～27cm。

胎兒的狀態

- 身高約 40cm，體重約 1500～1700g。
- 皮下脂肪附著，出現嬰兒的體型。
- 開始能夠用肺呼吸。
- 聽力發達，腦波的變化漸趨複雜。
- 能感受到母親的喜悅、感動、悲傷或不安而產生反應。
- 頭部自然朝下。

28週 〈8個月〉

月 日 （星期　）	
月 日 （星期　）	
月 日 （星期　）	
月 日 （星期　）	
月 日 （星期　）	
月 日 （星期　）	
月 日 （星期　）	

〈MEMO〉　　　　Weight　　　　kg

8 個月的檢查重點

　　胎動更為旺盛。肚子發脹時要好好的休息，之後再做家事。

- 1 個月接受 2 次定期健診。經產婦即使無異常也一定要接受健診。
- 肚子發脹時要坐下或躺下來休息。
- 肚子強烈發脹或變硬時，是早產的徵兆。一定要去看醫師。
- 這時期要避免長時間外出。
- 拿重物時，要先跪下來用整個身體慢慢的拿起物品。
- 拿棉被或取高處的物品時，要請家人幫忙。
- 開始練習呼吸法。要陪同生產的丈夫也要一起參加準備教室。
- 飲食要減鹽
- 儘可能坐著進行廚房工作。
- 是神經過敏的時期。有的人會失眠，必須睡午覺保持輕鬆的心情。
- 準備好住院所需的物品。若要回鄉生產，要儘早辦好住院的預約手續。

29週

〈8個月〉

月 日 （星期　）	
月 日 （星期　）	
月 日 （星期　）	
月 日 （星期　）	
月 日 （星期　）	
月 日 （星期　）	
月 日 （星期　）	
〈MEMO〉	Weight　　　　　　　　kg

懷孕後期的問題〈妊娠中毒症〉

懷孕後期最大的問題就是「妊娠中毒症」。雖然機率很低，但卻是孕婦死亡原因的第一位，是非常可怕的疾病。對策是早期發現早期治療，要有正確的知識。

● 何謂妊娠中毒症

妊娠中毒症具有以下症狀。

①母體突然出現痙攣或昏睡狀態，有時會導致死亡。②胎盤突然剝離，如果不趕緊取出胎兒，母子都會很危險。③產後母體會出現高血壓或腎臟病等後遺症。④母體血管痙攣，送達胎盤的血液量減少，可能會出現未熟兒、早產，或胎死腹中。

● 原因與症狀，容易罹患者

原因不明，據說可能是母親不適應懷孕而引起的異常現象，大都發生於懷孕 28～32 週。懷孕前就很胖的人或懷孕後體重顯著增加的人，攝取鹽分較多的飲食或喜歡吃甜食、油膩食物的人；工作過度的人；憂鬱的人；過了 30 歲才生產，或多胎、有其他疾病的人等，要多注意。

● 早期發現，早期治療

要發現妊娠中毒症，必須注意①血壓、②尿中的蛋白量、③浮腫這三項。覺得異常時要立刻去看醫師。治療則以①靜養、②食物療法來處理。

①控制鹽分攝取量

肥胖

②避免過胖

好累呀

③避免過度疲勞

④避免壓力

⑤定期接受健診

30週　　　〈8個月〉

月 日 （星期　）	
月 日 （星期　）	
月 日 （星期　）	
月 日 （星期　）	
月 日 （星期　）	
月 日 （星期　）	
月 日 （星期　）	

〈MEMO〉　　　　Weight　　　　　　kg

準備突然來臨的生產

接近預產期，一個人獨處會感覺不安。在沒有人的時候出現陣痛該怎麼辦呢？事前先了解就不會慌了手腳。

● **陣痛出現的話**

初產時很少會突然出現強烈的陣痛。最初大都是像輕微生理痛的現象，等到覺得是陣痛時就要開始做住院的準備，有時間的話最好先淋浴。無法一次拿完的行李事後再拿，且要準備好車子。

● **突然破水時**

子宮內包住胎兒的卵膜破裂、羊水流出稱為破水。還未陣痛就破水的話，要趕緊與醫院連絡，墊上棉墊，立刻住院。醫院為了防止感染症，會讓孕婦服用抗生素，破水後 2 天內會開始陣痛，如果還未出現陣痛就必須藉著點滴等方式引起陣痛，然後生產。

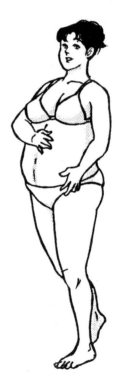

● **即將在自宅生產時**

生產通常要花數小時到數 10 小時，但是有的人子宮口容易張開，大約 1 小時左右就想用力。如果開始用力，就要趕緊打 119 叫救護車，若來不及，要把手洗乾淨，扶住即將生出來的胎兒頭，將其抱起，避免滑落，再用乾淨的毛巾裹住，等待救護車的到來。

31週 〈8個月〉

月 日 （星期　　）	
月 日 （星期　　）	
月 日 （星期　　）	
月 日 （星期　　）	
月 日 （星期　　）	
月 日 （星期　　）	
月 日 （星期　　）	

〈MEMO〉　　　　Weight　　　　　　kg

媽媽的身體

- 子宮壓迫到胃,無法一次吃大量的食物。有的人會出現如孕吐時的噁心和胃灼熱感覺。
- 心臟和肺受到壓迫,容易出現心悸或呼吸困難的現象。
- 膀胱受到壓迫,更為頻尿。
- 出現不規則的肚子發脹現象或腹部變硬。
- 子宮頸的高度為 28～30cm。已經隆起至心窩下方。

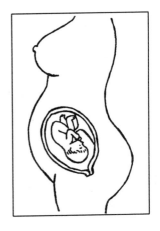

胎兒的狀態

- 身高約 46～47cm,體重約 2000～2300g。
- 頭圍約 30cm。
- 皮下脂肪增加,皮膚變成粉紅色。
- 性器大致完成。
- 指甲長長。
- 腦細胞的數目與大人相同。皺褶增加更多。
- 即使早產,在保溫箱中仍然可以成長。

這是指甲喔

32週　　　〈9個月〉

月 日 （星期　　）	
月 日 （星期　　）	
月 日 （星期　　）	
月 日 （星期　　）	
月 日 （星期　　）	
月 日 （星期　　）	
月 日 （星期　　）	

〈MEMO〉　　　　　Weight　　　　　　kg

9個月的檢查重點

回娘家生產的人，於這個月結束到翌月初時就要回娘家，要先預定交通工具，請主治醫師開診斷書。

- 回鄉生產的人要得到預定分娩醫院的診斷書。外出時要隨身攜帶母子健康手冊及健保卡。
- 醫院的緊急連絡處、夜間和休假日的櫃台，以及乘坐的交通工具等，都要和家人事先確認。
- 腦海中要牢記開始分娩的徵兆以及住院的時機。和丈夫一起練習在媽媽教室學會的呼吸法、放鬆方法以及用力的方法。
- 趁手還沒浮腫時先拿掉戒指。
- 有工作的孕婦，產前持續工作，但不可太勉強。
- 容易得妊娠中毒症的時期，必須特別注意。不可過於疲勞。
- 這時期不必擔心倒產的問題。因為胎兒活動旺盛，頭會慢慢朝下。

33週 〈9個月〉

月 日 （星期　）	
月 日 （星期　）	
月 日 （星期　）	
月 日 （星期　）	
月 日 （星期　）	
月 日 （星期　）	
月 日 （星期　）	

〈MEMO〉　　　　Weight　　　　　kg

回娘家生產

生產後約 1 週就可出院，出院後有什麼樣的生活在等著妳呢？首先是照顧嬰兒，處理自己周遭的事情，還有打掃、洗衣、購物、煮飯等家事。現在雖然不再因辛苦工作而造成「產後復原情況不良」，但新手媽媽還是會遇到一些棘手的問題。

● 回娘家生產的優、缺點

新生兒不分晝夜隨時都可能醒來或睡覺。所以，在最初的 2～3 週內必須習慣嬰兒的步調，這時回娘家去，有家人幫忙照顧不習慣的育兒工作，可以減少壓力。

但別忘了娘家的父母已經不年輕了，不可以把辛苦的育兒工作完全交給爺爺奶奶做。而且孕婦受到太好的照顧容易導致肥胖。若丈夫長期待在妻子的娘家，心裡的負擔會增加。回娘家生產時，雙方都不能夠太勉強，要先建立一些基本的時間表。

回娘家生產的時期以 32～34 週最適合。

34週 〈9個月〉

月 日 （星期　）	
月 日 （星期　）	
月 日 （星期　）	
月 日 （星期　）	
月 日 （星期　）	
月 日 （星期　）	
月 日 （星期　）	

〈MEMO〉　　　　Weight　　　　kg

倒　產

　　倒產是常見的例子。有些胎兒最後還是無法變成頭位而以倒產的方式生出來，不過機率只有 4～5%。即使無法變為頭位，交給醫師也能安心生產。

倒產的原因

　　● 胎兒的原因

　　①胎兒體形異常或畸形。②雙胞胎或三胞胎等多胎

　　● 母體的原因

　　①前置胎盤等胎盤位置不良。②臍帶纏住脖子等臍帶卷絡。③臍帶太短，胎兒無法自由活動。④羊水過多，使得胎兒的活動過度自由。⑤有子宮肌瘤或卵巢腫瘤。⑥重複子宮等子宮畸形時。

倒產的治療

　　32 週前不必焦躁，34 週前要遵從醫師的指示嘗試矯正。矯正方法是：①仰躺，採取使胎兒背部朝上的側臥位。②採取胸膝位的姿勢（參照插圖），每天持續10～15 分鐘。③遵從醫師的指導進行外旋轉術等。

倒產的判定

　　34 週以後才進行判定，在此之前位置很不穩定。34 週時胎位已經穩定，這時如果是倒產，直接成為倒產兒生出來的機率很高。

矯正倒產的體操

①如上面 2 插圖的姿勢持續 5～10 分鐘。　②做完姿勢之後，以西姆茲的姿勢放輕鬆。（參考 P107 頁）

35週 〈9個月〉

月 日 （星期　）	
月 日 （星期　）	
月 日 （星期　）	
月 日 （星期　）	
月 日 （星期　）	
月 日 （星期　）	
月 日 （星期　）	

〈MEMO〉　　　　Weight　　　　　kg

照　片

終於要到達終點了。拍一
張腹部隆起的紀念照吧。

⟨FREE MEMO⟩

媽媽的身體

- 10 個月時腹部下降，朝前下方突出。
- 胃的壓迫感去除，產生食慾。
- 很多人會感覺到不規則的肚子發脹現象。
- 排尿次數更為頻繁。
- 肚皮緊繃，肚臍的陷凹消失。
- 白色分泌物增加。
- 子宮底的高度為 32～34cm。

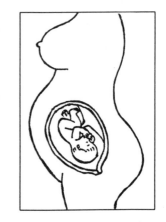

胎兒的狀態

- 腦細胞複雜糾纏在一起，持續發達。
- 出現睡眠與清醒時的區別。有時母親在睡眠中而胎兒卻是清醒的。
- 胎動減少。
- 皮下脂肪更為增加，不管何時出生都能很有活力的成長。

不久就可以見到媽媽囉！

36週

〈10個月〉

月 日 （星期　）	
月 日 （星期　）	
月 日 （星期　）	
月 日 （星期　）	
月 日 （星期　）	
月 日 （星期　）	
月 日 （星期　）	

〈MEMO〉　　　　　Weight　　　　　kg

10 個月的檢查重點

即將臨盆了。要事先檢查住院時必須攜帶的東西以及到醫院的路。

- 如果是坐朋友的車或搭計乘車去醫院，要先抄下醫院的地址和電話號碼。
- 1 週進行 1 次定期健診。
- 多準備一些生產費用。
- 無異常的話可以散步或做家事。
- 如果出現出血、破水、腰痛、下腹部疼痛等症狀時，要和醫院連絡，或直接去看醫生。
- 不要忍尿，要經常去上廁所。
- 避免單獨外出，要通知家人去處。
- 住院不在家時，要先買好為丈夫準備的東西，然後做好記錄擺在家裡。
- 已經開始休產假的人，不要一直待在家裡吃零食。太胖會導致難產。
- 即使過了預產期卻仍然沒徵兆，要請醫師檢查胎盤的機能以及胎兒的狀態。初產的人大多會晚幾天，不用擔心。

*37*週 〈10個月〉

月 日 （星期　　）	
月 日 （星期　　）	
月 日 （星期　　）	
月 日 （星期　　）	
月 日 （星期　　）	
月 日 （星期　　）	
月 日 （星期　　）	

〈MEMO〉　　　　　　Weight　　　　　　　　kg

生產的開始與住院的時機

懷孕末期肚子容易發脹。子宮開始不規律的收縮，不久就要生產了。靜下心來等待陣痛的開始。

● 生產的徵兆

子宮口張開，包住胎兒的膜（卵膜）和子宮壁稍微剝落，會產生摻雜血液的分泌物。不過，「徵兆」是少量的，而顏色則是粉紅色、紅色、褐色，具有很大的個人差。有這種出血徵兆時，大概一、二天內就會開始生產。要用生理用的衛生棉墊或紙尿布墊好，等待陣痛。有的人則是先陣痛。

● 肚子發脹

生產時期接近時，會覺得肚子 1 天發脹好幾次，這就是所謂的「前驅陣痛」，疼痛微弱，不久之後就會消失。若是初產，實際的陣痛間隔為 7～8 分鐘，若是經產，間隔為 10～15 分鐘，會產生強烈陣痛，這時就可以住院了。夜間容易引起前驅陣痛，因此不要慌了手腳。

有時需要緊急連絡

如果出血量比「徵兆」更多，或是陣痛前已經破水、產生刺痛感、完全感覺不到胎兒的胎動時，要立刻和醫院連絡。

38 週 　　　　〈10個月〉

月 日 （星期　　）	
月 日 （星期　　）	
月 日 （星期　　）	
月 日 （星期　　）	
月 日 （星期　　）	
月 日 （星期　　）	
月 日 （星期　　）	

〈MEMO〉　　　　Weight　　　　　kg

生產的流程①

事先知道生產的經過，就不會感覺害怕或不安，能夠自然的生產。

分娩第Ⅰ期（初產 10～12，經產 5～6 小時）

陣痛開始，子宮口逐漸張開的階段。

〔胎兒出生的構造〕

● 藉著子宮收縮，子宮頸管部往上拉，逐漸擴張。
● 胎兒袋（卵膜）中的羊水受到擠壓而膨脹，擴張了子宮的出口。
● 具有個人差，但是每次陣痛時，胎兒都會慢慢下降。
● 收縮強烈時，子宮口全開大。

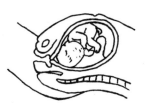

〔母親的狀態〕

● 伴隨子宮收縮，陣痛間隔為 10 分鐘，持續的時間為 20～30 秒。
● 陣痛間隔 5 分鐘，持續的時間為 30～50 秒時，就要進入分娩室。
● 陣痛的疼痛嚴重時，可以藉著按摩或呼吸法來緩和疼痛。疼痛不嚴重時，保持輕鬆的姿勢。
● 收縮與收縮之間，可能會想睡、噁心或畏寒，小腿肚抽筋，或出現腳發抖、發冷的症狀。

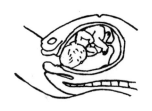

*39*週　　　〈10個月〉

月 日 （星期　）	
月 日 （星期　）	
月 日 （星期　）	
月 日 （星期　）	
月 日 （星期　）	
月 日 （星期　）	
月 日 （星期　）	

〈MEMO〉　　　　Weight　　　　　　kg

生產的流程②

分娩第Ⅱ期（初產 2～4，經產 1～2 小時）

陣痛間隔為 1～2 分鐘，子宮口開大為 10cm。是胎兒可以通過產道的時期。

〔胎兒出生的構造〕

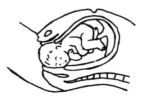

- 胎兒準備通過骨盆。
- 胎兒的頭已經在外陰部若隱若現，有時會縮進去。
- 頭、肩，然後娩出整個身體。

〔母親的狀態〕

- 陣痛增強，疼痛間隔縮短。
- 配合陣痛巧妙的用力，使得生產輕鬆的進行。胎兒的頭出現時停止用力，進行短促呼吸。

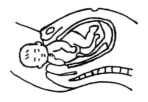

分娩第~Ⅲ期（10～30 分鐘）

胎盤娩出，生產結束。

〔胎兒出生的構造〕

- 胎兒出生之後，暫時在分娩台上躺一下。
- 胎盤娩出之前，開始輕微的子宮收縮。
- 拉扯臍帶時，血液和胎盤會一起排出。

〔母親的狀態〕

- 生出嬰兒後，子宮急速收縮。
- 安心和疲勞，有種力量用盡了的感覺，會口渴、發抖。
- 胎盤娩出時身體很輕鬆。

40週

月 日 （星期　）	
月 日 （星期　）	
月 日 （星期　）	
月 日 （星期　）	
月 日 （星期　）	
月 日 （星期　）	
月 日 （星期　）	

〈MEMO〉　　　　　Weight　　　　　kg

產後 1 週內的備忘錄

嬰兒與母親的住院生活

生產當天	生產後在分娩室大約靜躺 2 小時，無異常的話就可回到病房。產後 8 小時可以步行去上廁所。要聽從護士的指導更換惡露。
第 1 天	自己排便、排尿、更換惡露。接受授乳及乳房按摩指導，向授乳挑戰。順利的人得到醫師的允許可以開始淋浴、做產褥體操。
第 2 天	為了加速產後的復原，可以稍微活動身體。若無異常就可使用淋浴設備。每隔 2～4 小時授乳，夜間也要進行授乳。
第 3 天	進行乳房的按摩、擠乳指導。經由貧血檢查發現有此症狀的人，要服用造血劑。
第 4 天	會陰縫合的人即將拆線。接受換尿片、調乳、沐浴等育兒的心理準備及出院後的生活指導。
第 5 天	驗尿、測定血壓、測定體重，接受嬰兒的診察。同時做格思里檢查，用以發現先天性代謝異常，調查股關節脫臼、斜頸等。
第 6 天	做母子出院前的健診。決定出院日。通知家人。確認出生證明書及母子健康手冊是否填好。
第 7 天	填寫母子健康手冊、出生證明、新生兒訪問指導書、生產補助金申請等文件，即將出院。

41週

月 日 （星期　　）	
月 日 （星期　　）	
月 日 （星期　　）	
月 日 （星期　　）	
月 日 （星期　　）	
月 日 （星期　　）	
月 日 （星期　　）	

〈MEMO〉　　　　　　Weight　　　　　　kg

產後的身心問題

產後惡露拖得太久，出血持續 1 個月以上，或月經 2 個月以後才來……，產後的煩惱非常多。但這些都是不需要擔心的問題。

● 惡露的問題

產後會出現血性分泌物，然後逐漸變成沒有摻雜血液的分泌物，這就稱為惡露。具有個人差，不過應該是從紅色→褐色→白色，4～6 週內就會消失。產後沒有人手必須立刻活動的人，惡露會拖得較久。若發燒或血液量增加就必須去看醫生。

● 出血

生產後，子宮內面要花 6～8 週才能恢復原狀。即使惡露停止，但仍有出血症狀的話，可以去看醫生。

● 頭一次的生理期（月經）

分娩後恢復較快的人，在 50～70 天時會出現生理期。授乳的人大約在 6 個月～1 年左右。

此外，生理不順是生理期再開始時容易出現的現象，不必太過擔心。即使沒有生理期，產後過了 1 個月還是要避孕。較快的人甚至已經排卵了，在還未發現生理期之前就已經懷孕了。

42週

月 日 （星期　）	
月 日 （星期　）	
月 日 （星期　）	
月 日 （星期　）	
月 日 （星期　）	
月 日 （星期　）	
月 日 （星期　）	

〈 MEMO 〉　　　　　Weight　　　　　　　kg

照 片

年　　　月　　　日　星期　　　天氣

嬰兒誕生

年　　　月　　　日　星期　　　時　　　分

身高　　　cm　體重　　　g

和剛出生的嬰兒拍
第一張紀念照吧。

〈FREE　MEMO〉

懷孕中的禁止事項檢查表

懷孕中的每天生活有很多必須注意的事項。懷孕初期應該避免的事項，也許中期後就不需要太在意了，相反的，初期可以做的事情，也許後期必須要慎重其事。最好參考檢查表，注意日常生活的行動。

〔懷孕中禁止的事項〕
- 抽菸
- 大量飲酒
- 大掃除
- 忍耐上廁所
- 用口餵寵物食物
- 使用器具或不清潔的性行為
- 拿重物
- 穿高跟鞋

檢查表

檢查項目	1·2個月	3·4個月	5個月	6個月	7個月	8個月	9個月	10個月
清洗浴缸	☆	☆	△	△	☆	×	×	☆
棉被拿上拿下	△	△	○	○	☆	☆	☆	☆
搬家	×	×	△	△	△	△	×	×
咖啡或酒	△	△	△	△	△	△	△	△
長時間泡澡	×	×	△	△	△	△	△	×
燙頭髮	×	△	○	○	○	○	○	△
使用脫毛膏、脫毛蠟	△	△	△	△	△	△	△	△
照顧乳頭	×	×	○	○	○	○	○	◎
擠入拍賣會的擁擠人群中	×	×→△	△	△	△	×	×	×
冷氣	△	△	△	△	△	△	△	△
孕婦游泳	×	×→△	◎	◎	◎	◎	○	○
開車	△	△	○	○	△	△	△	×
騎自行車	×	×→△	△	△	△	×	×	×
打高爾夫球、網球	×	×	△	△	△	×	×	×
海外旅行	△	×→△	△	△	△	×	×	×
溫泉	△	△	△	△	△	△	△	×
感冒藥、頭痛藥	△	△	○	○	○	○	△	△
胃腸藥、維他命劑	○	○	○	○	○	○	○	○
治療牙齒	△	△	○	○	○	△	△	△

◎ 可以儘量做的事情。

○ 即使做也無妨。

△ 這時候要注意。

× 不可以做。

☆ 請家人協助。

嬰兒誕生的準備用品單

　　嬰兒的成長非常快速，必要的東西都要準備齊全。可以考慮用租的，或別人送的，或事後再買也無妨的東西，做聰明的生產準備吧。

◎…必需品　　　　　○有的話很方便　　　　△…要檢討
●…租的話比較方便

檢查	品名	數量	必要	重點
	衣物			
	短內衣	3〜5	◎	吸濕性較佳的綿質素材
	長內衣	2〜3	◎	嬰兒容易活動的衣物
	嬰兒服	3〜5	◎	兼具尿布兜作用的服裝較方便
	小背心	1〜2	○	便於調節溫度
	包巾	1	○	包著較容易抱
	紗布手帕	10	○	可當口水布或沐浴的洗澡布使用
	襪子	1	△	新生兒期不需要
	口水布	3〜4	△	新生兒期不需要
	帽子	1	△	外氣浴時可以使用
	手套	1	○	避免指甲抓傷臉
	調乳用品			
	奶瓶	2〜4	◎	依母乳分泌的狀況準備產後用的奶瓶
	奶嘴	2〜4	◎	種類豐富且適合嬰兒的奶嘴
	奶瓶刷	1	○	嬰兒專用奶瓶刷比較方便
	奶瓶夾	1	○	消毒時使用非常方便
	消毒鍋	1	△	可用其他鍋子代替
	奶粉容器	1	○	可以事先量1次份的奶粉量
	餐盒	1	△	可將調乳用品收在盒子裡，使用起來非常方
	專用洗劑	1	△	也有子宮浸泡的消毒液
	母乳墊	1	△	可依產後母乳的分泌狀況來準備
	擠乳器	1	△	可依產後母乳的分泌狀況來準備
	沐浴用品			
	嬰兒澡盆	1	●	出生後只用1個月，因此用租的比較方便
	沐浴網	1	○	媽媽單獨為嬰兒沐浴時使用比較方便
	洗臉盆	1	△	平常使用的東西也可以
	水溫溫度計	1	○	不要依賴感覺，最好事先量一下溫度
	沐浴布	1	○	沐浴時包住嬰兒的身體
	沐浴劑	1	○	不需要再清洗的更方便

嬰兒肥皂	1	○	選擇刺激較少的肥皂
嬰兒洗髮精	1	△	配合必要使用
浴巾	2	◎	要選擇大而柔軟的素材
沐浴墊	1	△	可用戶外休閒墊來代替
衛生用品			
嬰兒用棉花棒	1	◎	用來護理耳、鼻、肚臍
乾淨棉花	1	◎	擦拭媽媽的乳頭以及嬰兒的臀部
嬰兒油	1	◎	清除耳朵的污垢
嬰兒爽身粉	1	△	尿布疹時可以使用
指甲刀	1	◎	選擇前端為圓形的安全剪刀
體溫計	1	◎	選擇短時間就能量出體溫的嬰兒專用體溫計
體重計	1	●	也有一種能夠量出哺乳量型的體重計
水枕	1	△	生產後再準備也無妨
熱水袋	1	△	適合寒冷地方的嬰兒使用
溫濕度計	1	○	室溫保持18～20度、濕度40～50%為最佳
加溼器	1	●	冬天的乾燥會造成感冒
尿布			
布尿布	30組	◎	有時可以租借
尿布兜	3～4	◎	新生兒用的會立刻變小、無法再用，所以準
紙尿布	1	○	實際使用後找出適合嬰兒的紙尿布
尿布兜	1	○	防止斑疹，洗濯更輕鬆
尿布用洗劑	1	○	對肌膚溫和、能夠充分去除污垢的洗劑
寢具			
墊被	1	◎	有床的話就不需要
床單	2～3	○	可用大浴巾代替
蓋被	1	◎	選擇輕而暖的蓋被
毯子	1	◎	選擇羊毛毯
毛巾被	1	△	可用大浴巾代替
嬰兒床	1	●	選擇可以長期使用者
床墊	1	●	選擇硬的床墊
襯墊	2	○	棉製品
防水床單	1	△	也可使用塑膠布代替
枕頭	1	△	可將毛巾摺疊起來使用
其他			
嬰兒車（A型）	1	●	按照不同的狀況分別使用A型與B型
揹帶	1	○	抱與揹兩用型的較方便
攜帶型嬰兒坐椅	1	△	可以固定於車的後坐位
嬰兒圍欄	1	●	選擇搖籃型

住院準備用品單

進入 8 個月之前就要準備好住院用品。

有的醫院會供應，或允許攜帶不同的東西，因此準備之前要仔細閱讀醫院的說明書，確認一下。

準備好住院用品之後，要擺在大家都能找到的地方。

● 絕對不可以忘記的東西 ●

母子健康手冊	接近預產期外出時要隨身攜帶
健保卡	影印之後再交給丈夫使用比較安心
診察券	容易忘記，要特別注意
印鑑	辦理住院手術或動緊急手術時需要印鑑
有秒針的錶	測量陣痛的間隔
現金（少量）	坐計程車或打電話的錢等

● 媽媽必要的東西 ●

睡衣	準備 2～3 件前開扣式的
長袍	也可以使用睡袍
授乳用胸罩	乳房腫脹，所以要準備寬鬆的胸罩
母乳襯墊	依母乳分泌的狀況，有時可以事後再購買
產褥內褲	選擇大一點的才好穿
腰卷	避免分娩後的出血弄髒寢具或衣物
腹卷、束腹	產後可以用來塑身
產用衛生棉墊	大都由醫院供應
襪子	夏天也可能因為吹冷氣而感覺寒冷，所以要準備襪子
洗臉用具	肥皂、牙刷、牙膏、基礎化妝品、洗髮精、潤絲精等

梳子、手鏡	每天的打扮要使用
飲食用品	筷子、杯子、水果刀等
拖鞋	在室內，拖鞋比鞋子更方便
乾淨棉花	用來處理母乳和惡露
浴巾	較大的浴巾可以當包巾來使用
毛巾	事先準備 2～3 條比較方便

● 嬰兒所需要的東西 ●

尿布用品	尿布和尿布兜各準備 2 組
衣物	貼身衣物、長內衣、長袍、包巾等
紗布手帕	授乳時會非常方便

● 方便的小物件等 ●

衛生紙	枕邊擺一盒非常方便
指甲刀	為了照顧嬰兒，所以不可以留長指甲
紙杯、紙盤	給前來探訪的客人用
塑膠袋	放要換洗的衣物
電話卡	打長途電話比較方便
姓名住址簿	想通知別人時可以使用
明信片、郵票	通知親朋好友嬰兒的誕生
筆記用具、筆記本	記錄生產以及嬰兒的狀況
照相機	拍剛出生的嬰兒或前來探訪的客人
錄音帶	不要忘記準備耳機
護唇膏	病房比較乾燥，所以要注意嘴唇乾燥的問題
包袱	用來整理衣物類非常方便
畫板	用迴紋針收藏嬰兒的記錄及便條紙
腰包	可裝棉墊帶去上廁所，非常方便

懷孕時飲食生活的檢查事項

　　胎兒所需的營養全都由母親的血液供給。母親營養不足時，有的人認為營養還是會以嬰兒為優先考慮先供給嬰兒，但是依營養素的不同，有時會以母體為優先考慮，所以，懷孕之後為了胎兒著想要重新評估飲食生活。

● 考慮均衡的營養

　　一旦懷孕，要儘可能吃多種食物。不光是魚或肉，還要吃蔬菜，蔬菜也不要光吃菠菜，也要吃高麗菜和胡蘿蔔。請各位參考一下一定要納入三餐的 9 項食品，要重新評估自己的飲食生活。

● 注意別攝取過多的熱量

　　有的人因為懷孕、生產而過胖，必須注意。一般而言，理想體重是（〈身高－100〉×0.9），而懷孕中的體重則比這個體重多 9～11 公斤較為理想。一旦肥胖容易導致難產，生產後也容易成為糖尿病、高血壓的原因。

　　懷孕前與懷孕中，1 天所需熱量的差距只有 350 大卡，大約是 1 碗半的飯量而已。請參考表的熱量，充分注意肥胖的問題。要控制肥胖，與其減少飲食量還不如控制砂

應該納入 3 餐飲食中的 9 項食品

小魚

蔬菜

貝類

酸乳酪

種子類

水果乾

乾貨

豆類

海藻

1 天所必要的熱量

成人男子	2200cal
成人女子	1800cal
懷孕前期	1950cal
懷孕後期	2150cal

糖和油脂的攝取量。此外，一定要好好的吃早餐，不要增加午餐、晚餐的飲食量。

● 要控制鹽分的攝取量

懷孕中攝取過多鹽分會成為腎臟病或妊娠中毒症的原因，要充分注意。國人原本就有鹽分攝取過多的傾向，如果不多加注意，很難控制鹽分的攝取量。

特別要注意化學調味料，及加工食品中所含的鹽分。要儘量避免火腿、泡麵、零嘴等鹽分較多的食品，要多吃具有極高減鹽效果的黃綠色蔬菜及海草類。

● 攝取大量鈣質

懷孕的同時也開始創造胎兒的骨骼。為了胎兒著想，為了母親著想，一定要大量攝取鈣質。懷孕所需的鈣質為懷孕前的 1.8 倍。要多攝取鈣質吸收率較高的牛乳和乳製品。此外，要也多攝取能夠幫助攝取鈣質的維他命和蛋白質、乳糖等。每天吃原味酸乳酪或乳酪非常有效。

● 高明的攝取鐵質

胎兒需要製造血液，而母親的身體若缺少鐵質會造成困擾。蛤仔、肝臟、菠菜、蛋黃、大豆、凍豆腐等食品可以用來補充鐵質。同時攝取維他命 C，更能有效的利用鐵質。懷孕時鐵質不足，分娩時陣痛會減弱，會有大量出血的現象，同時也會造成嬰兒發育不良，對付疾病的抵抗力減弱。還會焦躁、易怒、愛哭，造成許多不良的影響，所以一定要充分攝取鐵質。

孕婦體操

為了度過舒適的孕婦生活以及使生產順利結束，因此產前就必須鍛鍊生產時所需要的肌肉，使其柔軟，所以要做孕婦體操。

〔貓的伸展姿勢〕

使脊椎關節、背肌放輕鬆，是對腰痛很好的體操。做 10 次。

四肢趴在地上，抬起頭看前方。

吸氣時頭低下，拱起背部。吐氣時恢復原先的姿勢。

〔盤腿伸展體操〕

為了使胎兒容易通過產道，進行伸展骨盆底肌的體操。早晚做 5 分鐘。

盤腿，背部挺直，收下顎，手置於膝上。

靜靜按壓膝蓋頭，使其碰到地面，調整呼吸、放鬆手。

〔腳的體操〕

使腳趾和足踝關節柔軟的體操，鍛鍊整個腳的肌肉。

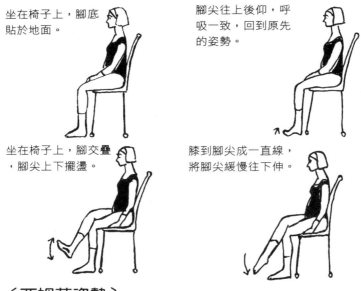

坐在椅子上，腳底貼於地面。

腳尖往上後仰，呼吸一致，回到原先的姿勢。

坐在椅子上，腳交疊，腳尖上下擺盪。

膝到腳尖成一直線，將腳尖緩慢往下伸。

〔西姆茲姿勢〕

心情放輕鬆，去除子宮或骨盤底肌肉緊張的體操。適合懷孕時休息以及度過子宮開口期所做的體操。

側躺，單膝稍微彎曲。將墊子放在膝或頭、上半身等處的下方會更為輕鬆。花點工夫讓自己更舒服。

呼吸法的課程

呼吸法能緩和分娩時的疼痛、消除緊張。呼吸的重點是從鼻子吸氣、由口吐氣。等待陣痛波時實行呼吸法，生產前要開始學習課程。

A 準備期的呼吸法（陣痛間隔為 5～10 分鐘）

①出現變縮波，首先深呼吸。
② 1 分鐘有 6～12 次的收縮，1、2、3、吸氣，1、2、3 吐氣，慢慢的反覆呼吸。
③收縮停止之後深呼吸。

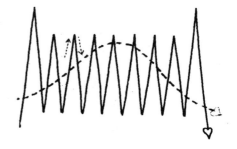

B 進行期的呼吸法（陣痛間隔為 5～6 分鐘）

①開始收縮時深呼吸。
②收縮期間，進行 2 次「嘻」「嘻」的淺促呼吸，收縮口用力吐氣，發出「呼」的聲音。
③收縮停止之後深呼吸。

※覺得痛苦的話，做一次「嘻」就好了，或是換成「嘻呼」的呼吸。

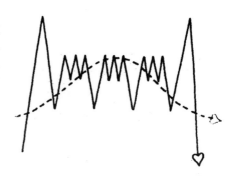

C 移行期的呼吸法（陣痛間隔為 2～3 分鐘，停止用力的呼吸）

①開始收縮時深呼吸。
②進行 2 次輕淺的「嘻」「嘻」呼吸，第 3 次收縮口加諸腹壓吐氣，發出「呼」的聲音。
③收縮停止之後深呼吸。

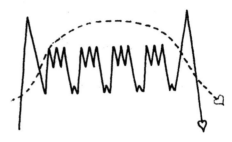

D 娩出期的呼吸法（陣痛間隔為 1～2 分鐘，用力的呼吸）

①做 2 次深呼吸。
②第 3 次深呼吸之後稍微吐氣，然後停止呼吸。用力，感覺呼吸困難時再吸氣，用力。
③收縮結束之後深呼吸。
※用力時，好像下巴碰到脖子看到肚臍似的拱起背部。練習時不必用力，只要練習呼吸法。

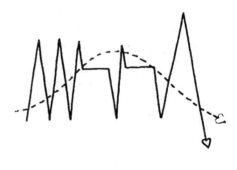

E 娩出期的呼吸法（陣痛間隔為 1 分鐘，短促呼吸）

嬰兒的頭出現時要停止用力，像狗吐舌頭似的「哈、哈」呼吸，這時口要稍微張開，短而淺的進行「哈、哈」呼吸。

乳房的護理

　　大家都認為嬰兒出生後，母親會自然的產生母乳，但有時生下孩子後，卻沒有辦法順利的分泌母乳或餵孩子吃奶。懷孕時就要開始按摩乳房，做授乳的準備。

● **按摩與乳頭的護理**

　　按摩要從胎盤穩定的 16 週開始。當成洗完澡或睡前的日課，要每天進行。有肚子發脹現象或醫師制止進行的人，則不能夠進行按摩。基本形態是懷孕時按摩乳房 1 次→按摩乳頭 2～3 分鐘，1 天 1 次，產後則是按摩乳房 3～4 次→按摩乳頭 10～15 分鐘，在每次授乳時進行。如果母乳分泌順暢就不必經常進行。

〔**乳頭的按摩**〕

　　使乳頭周圍柔軟，拉出乳頭讓嬰兒容易吸吮。

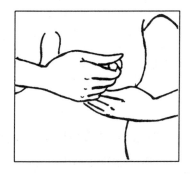

①一手扶在乳房下支撐，另一手的拇指、中指、食指壓迫乳頭。慢慢挪移手指的位置，壓迫整個乳頭。

②與①同樣的，用手指捏住乳頭，好像在捻線圈似的揉捏乳頭側面。其次，指腹朝縱向，好像摩擦似的前後移動按摩。

〔乳房的按摩〕

操作 3 次，保進血液循環和乳腺的發達。

①從側面按摩

用相反側的手包住要按摩的乳房，另一手貼在按住乳房的手上，手肘呈水平張開，輕輕按壓。

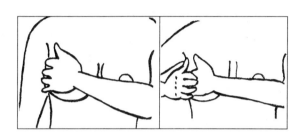

②從斜下方進行按摩

用相反側的手將要按摩的乳房從斜下方往上撈，另一手的小指側則抵住將乳房往上撈的手，手肘慢慢的從斜下方往上推。

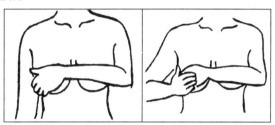

③從下方進行按摩

用相反側的手捧著要按摩的乳房，另一手貼於捧著乳房的手，做將乳房往上撈起的動作。

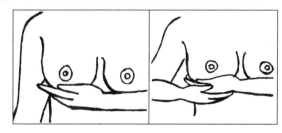

關於產科的醫學術語

健診時看一下醫師所寫的病歷……，根本不知道在寫些什麼。在此為各位介紹一些產科經常使用的醫學術語。

● A F D	相當於懷孕週數大小的胎兒。
● A T L	成人 T 細胞白血病。40 歲以上成人較多見的白血病，可能由母親的母乳感染到嬰兒。
● B B T	基礎體溫。
● B E L	骨盆位（倒產）。
● B P	血壓。
● B P D	大橫徑。胎兒頭左右最大的直徑，可當成觀察胎兒發育程度的指標。
● B S	血糖。
● C P D	胎兒頭骨盆不均衡。母體的骨盆腔比胎兒小。
● C S	剖腹產手術。
● C T	電腦斷層掃描。
● D M	糖尿病。
● E c h o	超音波檢查。
● E D C	預產期。

●GS	胎囊（包住胎兒的袋子）。
●Hb	血紅蛋白。
●HBsAg	B型肝炎S抗原。
●Hct	血細胞比容。血液中紅血球所佔的相對比。成人女性的正常值為 38～42%。
●HT	高血壓。
●IUFD	子宮內胎兒死亡。
●IUGR	子宮內發育延遲。
●P	出產次數。G表示懷孕次數，通常是 2G1P（懷孕2次、經產1次）的方式來使用。
●PR	脈搏跳動次數。
●PROM	前期破水。
●SFD	與懷孕週期相比較小的胎兒
●Sgt	懷孕。大都是以 Sgt⑩W（懷孕10週）的方式來使用。
●STD	性行為感染症。
●STS	梅毒血清反應。
●T	預產期。
●Tox	妊娠中毒症。
●TPHA	梅毒螺旋體紅血球凝集試驗。 梅毒的診斷大都和先前所說的STS一起進行。
●VX	靜脈瘤。

親 朋 備 忘 錄

姓　名	電　話	地　　　址	備註

親 朋 備 忘 錄

姓　名	電　話	地　　　　址	備註

重 要 紀 念 日

名　　稱	年　月　日	備　　註

重 要 紀 念 日

名　　　稱	年　月　日	備　　　註

日利年息換算表 DAILY/ANNUAL INTERST TABLE

日息(元)	年利(%)	日息(元)	年利(%)	日息(元)	年利(%)	日息(元)	年利(%)
0.30	1.095	1.55	5.657	2.80	10.220	4.05	14.782
0.35	1.277	1.60	5.840	2.85	10.402	4.10	14.965
0.40	1.460	1.65	6.022	2.90	10.585	4.15	15.147
0.45	1.642	1.70	6.205	2.95	10.767	4.20	15.330
0.50	1.825	1.75	6.387	3.00	10.950	4.25	15.512
0.55	2.007	1.80	6.570	3.05	11.132	4.30	15.695
0.60	2.190	1.85	6.752	3.10	11.315	4.35	15.877
0.65	2.372	1.90	6.935	3.15	11.497	4.40	16.060
0.70	2.555	1.95	7.117	3.20	11.680	4.45	16.242
0.75	2.737	2.00	7.300	3.25	11.862	4.50	16.425
0.80	2.920	2.05	7.482	3.30	12.045	4.55	16.607
0.85	3.102	2.10	7.665	3.35	12.227	4.60	16.790
0.90	3.285	2.15	7.847	3.40	12.410	4.65	16.972
0.95	3.467	2.20	8.030	3.45	12.592	4.70	17.155
1.00	3.650	2.25	8.212	3.50	12.775	4.75	17.337
1.05	3.832	2.30	8.395	3.55	12.957	4.80	17.520
1.10	4.015	2.35	8.577	3.60	13.140	4.85	17.702
1.15	4.197	2.40	8.760	3.65	13.322	4.90	17.885
1.20	4.380	2.45	8.942	3.70	13.505	4.95	18.067
1.25	4.562	2.50	9.125	3.75	13.687	5.00	18.250
1.30	4.745	2.55	9.307	3.80	13.870	5.05	18.432
1.35	4.927	2.60	9.490	3.85	14.052	5.10	18.615
1.40	5.110	2.65	9.672	3.90	14.235	5.15	18.797
1.45	5.292	2.70	9.855	3.95	14.417	5.20	18.980
1.50	5.475	2.75	10.037	4.00	14.600	5.25	19.162

本表只計至小數點第三位

年利日息換算表 ANNUAL/DAILY INTERST TABLE

年利(%)	日息(元)	年利(%)	日息(元)	年利(%)	日息(元)	年利(%)	日息元)
1.00	0.273	4.30	1.178	7.70	2.109	11.00	3.013
1.10	0.301	4.40	1.205	7.75	2.123	11.10	3.041
1.20	0.328	4.50	1.232	7.80	2.136	11.20	3.068
1.25	0.342	4.60	1.260	7.90	2.164	11.25	3.082
1.30	0.356	4.70	1.287	8.00	2.191	11.30	3.095
1.40	0.383	4.75	1.301	8.10	2.219	11.40	3.123
1.50	0.410	4.80	1.315	8.20	2.246	11.50	3.150
1.60	0.438	4.90	1.342	8.25	2.260	11.60	3.178
1.70	0.465	5.00	1.369	8.30	2.273	11.70	3.205
1.75	0.479	5.10	1.397	8.40	2.301	11.75	3.219
1.80	0.493	5.20	1.424	8.50	2.328	11.80	3.232
1.90	0.520	5.25	1.438	8.60	2.356	11.90	3.260
2.00	0.547	5.30	1.452	8.70	2.383	12.00	3.287
2.10	0.575	5.40	1.479	8.75	2.397	12.10	3.315
2.20	0.602	5.50	1.506	8.80	2.410	12.20	3.342
2.25	0.616	5.60	1.534	8.90	2.438	12.25	3.356
2.30	0.630	5.70	1.561	9.00	2.465	12.30	3.369
2.40	0.657	5.75	1.575	9.10	2.493	12.40	3.397
2.50	0.684	5.80	1.589	9.20	2.520	12.50	3.424
2.60	0.712	5.90	1.616	9.25	2.534	12.60	3.452
2.70	0.739	6.00	1.643	9.30	2.547	12.70	3.479
2.75	0.753	6.10	1.671	9.40	2.575	12.75	3.493
2.80	0.757	6.20	1.698	9.50	2.602	12.80	3.506
2.90	0.794	6.25	1.712	9.60	2.630	12.90	3.534
3.00	0.821	6.30	1.726	9.70	2.657	13.00	3.561
3.10	0.849	6.40	1.753	9.75	2.671	13.10	3.589
3.20	0.876	6.50	1.780	9.80	2.684	13.20	3.616
3.25	0.890	6.60	1.808	9.90	2.712	13.25	3.630
3.30	0.904	6.70	1.835	10.00	2.739	13.30	3.643
3.40	0.931	6.75	1.849	10.10	2.767	13.40	3.671
3.50	0.958	6.80	1.863	10.20	2.794	13.50	3.698
3.60	0.986	6.90	1.890	10.25	2.808	13.60	3.726
3.70	1.013	7.00	1.917	10.30	2.821	13.70	3.753
3.75	1.027	7.10	1.945	10.40	2.849	13.75	3.767
3.80	1.041	7.20	1.972	10.50	2.876	13.80	3.780
3.90	1.068	7.25	7.986	10.60	2.904	13.90	3.808
4.00	1.095	7.30	2.000	10.70	2.931	14.00	3.835
4.10	1.123	7.40	2.027	10.75	2.945	14.10	3.863
4.20	1.150	7.50	2.054	10.80	2.958	14.20	3.890
4.25	1.164	7.60	2.082	10.90	2.986	14.25	3.904

本表只計至小數點第三位

長途電話直接區域號碼表 TELEPHONE CODE

通話地點	區域號碼	通話地點	區域號碼	通話地點	區域號碼
台　北		蘇　澳	03	北　港	
林　口		台　中		水　林	05
花園新城		烏　日	04	斗　六	
烏　來		霧　峰		虎　尾	05
汐　止		豐　原		士　庫	
樹　林	02	后　里	04	台　南	
三　峽		梨　山		善　化	
淡　水		大　甲		新　化	06
鶯　歌		日　南		麻　豆	
基　隆		清　水	04	關　廟	
瑞　芳		沙　鹿		路　竹	
金　山		梧　樓		新　營	
桃　園		大　肚		鹽　水	06
大　園		彰　化		白　河	
大　溪		和　美		佳　里	06
中　壢	03	秀　水	04	澎　湖	069
龍　潭		鹿　港		旗　山	
新　屋		伸　港		高　雄	
楊　梅		花　壇		鳳　山	
新　竹	03	員　林		左　營	
竹　北		永　靖		楠　梓	07
竹　東		社　頭	04	小　港	
關　西	03	田　中		岡　山	
湖　口		溪　湖		橋　頭	
新　埔		北　斗		林　園	
竹　南		中興新村		九曲堂	
頭　份	037	南　投	049	屏　東	
苗　栗		埔　里		內　埔	08
花　蓮	03	日月潭		潮　州	
宜　蘭		嘉　義		東　港	08
礁　溪	03	民　雄	05	台　東	089
羅　東		大　林		知　本	08951

臭味消除妙方

△ 大　蒜——吃過大蒜後，再吃些蛋、豆腐、牛奶或奶油等含有蛋白質的食物，即能消除其難聞的臭味。

△ 飯焦味——用小碗盛七分清水置於飯上，燜二至三分鐘，焦味就會消失。

△ 菸　臭——多吃含維他命 C 的蔬果，使尼古丁儘快從尿液中排出。

△ 狐　臭——保持局部清潔或去腋毛，也可減輕臭味。

△ 屁　臭——吃含纖維質多的蔬菜，就能避免放屁。

均衡營養健康的飲食

每人日每份

水果類	2 個	橘子、木瓜、芒果、芭樂等，每日至少吃兩個水果	維生素	調　理生理機能
蔬菜類	3 碟	菠菜、青江菜、胡蘿蔔等，每天三碟（每碟約三兩）	礦物質	
油脂類	3 匙	沙拉油、花生油、豬油等，炒菜時用	脂肪	產　生身體活力
五穀類	3~6碗	米飯、麵食、甘薯等，可因體力之消耗而增減	醣類	
魚肉蛋奶—豆類	5 份	各種肉類、魚蝦、豆腐、豆漿、蛋、奶等，各種都均衡攝食	蛋白質	供　應細胞成長

NOTES

NOTES

NOTES

NOTES

NOTES

NOTES

NOTES

NOTES

●主婦の友社授權中文全球版

女醫師系列

①子宮內膜症
國府田清子／著　　　　定價 200 元

②子宮肌瘤
黑島淳子／著　　　　　定價 200 元

③上班女性的壓力症候群
池下育子／著　　　　　定價 200 元

④漏尿、尿失禁
中田真木／著　　　　　定價 200 元

⑤高齡生產
大鷹美子／著　　　　　定價 200 元

⑥子宮癌
上坊敏子／著　　　　　定價 200 元

⑦避孕
早乙女智子／著　　　　定價 200 元

⑧不孕症
中村はるね／著　　　　定價 200 元

⑨生理痛與生理不順
堀口雅子／著　　　　　定價 200 元

⑩更年期
野末悅子／著　　　　　定價 200 元

品冠文化出版社　　郵政劃撥帳號：
19346241

大展出版社有限公司
品冠文化出版社

圖書目錄

地址：台北市北投區(石牌)　　電話：(02)28236031
　　　致遠一路二段12巷1號　　　　　28236033
郵撥：0166955～1　　　　　傳真：(02)28272069

·法律專欄連載· 電腦編號 58

台大法學院　　　法律學系／策劃
　　　　　　　　　法律服務社／編著

1. 別讓您的權利睡著了 ①　　　　　　200元
2. 別讓您的權利睡著了 ②　　　　　　200元

·武 術 特 輯· 電腦編號 10

1. 陳式太極拳入門		馮志強編著	180元
2. 武式太極拳		郝少如編著	150元
3. 練功十八法入門		蕭京凌編著	120元
4. 教門長拳		蕭京凌編著	150元
5. 跆拳道		蕭京凌編譯	180元
6. 正傳合氣道		程曉鈴譯	200元
7. 圖解雙節棍		陳銘遠著	150元
8. 格鬥空手道		鄭旭旭編著	200元
9. 實用跆拳道		陳國榮編著	200元
10. 武術初學指南	李文英、解守德編著		250元
11. 泰國拳		陳國榮著	180元
12. 中國式摔跤		黃　斌編著	180元
13. 太極劍入門		李德印編著	180元
14. 太極拳運動		運動司編	250元
15. 太極拳譜	清·王宗岳等著		280元
16. 散手初學		冷　峰編著	180元
17. 南拳		朱瑞琪編著	180元
18. 吳式太極劍		王培生著	200元
19. 太極拳健身和技擊		王培生著	250元
20. 秘傳武當八卦掌		狄兆龍著	250元
21. 太極拳論譚		沈　壽著	250元
22. 陳式太極拳技擊法		馬　虹著	250元
23. 三十二式太極劍 二十四式太極拳		闞桂香著	180元
24. 楊式秘傳129式太極長拳		張楚全著	280元
25. 楊式太極拳架詳解		林炳堯著	280元

26. 華佗五禽劍　　　　　　　　　　劉時榮著　180元
27. 太極拳基礎講座：基本功與簡化24式　李德印著　250元
28. 武式太極拳精華　　　　　　　　　薛乃印著　200元
29. 陳式太極拳拳理闡微　　　　　　　馬　虹著　350元
30. 陳式太極拳體用全書　　　　　　　馬　虹著　400元

・原地太極拳系列・ 電腦編號11

1. 原地綜合太極拳24式　　　　　　胡啟賢創編　220元
2. 原地活步太極拳42式　　　　　　胡啟賢創編　200元
3. 原地簡化太極拳24式　　　　　　胡啟賢創編　200元
4. 原地太極拳12式　　　　　　　　胡啟賢創編　200元

・道 學 文 化・ 電腦編號12

1. 道在養生：道教長壽術　　　　　郝　勤等著　250元
2. 龍虎丹道：道教內丹術　　　　　郝　勤等著　300元
3. 天上人間：道教神仙譜系　　　　　黃德海著　250元
4. 步罡踏斗：道教祭禮儀典　　　　　張澤洪著　250元
5. 道醫窺秘：道教醫學康復術　　　王慶餘等著　250元
6. 勸善成仙：道教生命倫理　　　　　李　剛著　250元
7. 洞天福地：道教宮觀勝境　　　　　沙銘壽著　250元
8. 青詞碧簫：道教文學藝術　　　　楊光文等著　250元
9. 　　　　：道教格言精粹　　　　朱耕發等著　250元

・秘傳占卜系列・ 電腦編號14

1. 手相術　　　　　　　　　　　　淺野八郎著　180元
2. 人相術　　　　　　　　　　　　淺野八郎著　180元
3. 西洋占星術　　　　　　　　　　淺野八郎著　180元
4. 中國神奇占卜　　　　　　　　　淺野八郎著　150元
5. 夢判斷　　　　　　　　　　　　淺野八郎著　150元
6. 前世、來世占卜　　　　　　　　淺野八郎著　150元
7. 法國式血型學　　　　　　　　　淺野八郎著　150元
8. 靈感、符咒學　　　　　　　　　淺野八郎著　150元
9. 紙牌占卜學　　　　　　　　　　淺野八郎著　150元
10. ESP超能力占卜　　　　　　　　淺野八郎著　150元
11. 猶太數的秘術　　　　　　　　　淺野八郎著　150元
12. 新心理測驗　　　　　　　　　　淺野八郎著　160元
13. 塔羅牌預言秘法　　　　　　　　淺野八郎著　200元

3

・青春天地・電腦編號 17

·健 康 天 地· 電腦編號 18

6

·實用女性學講座· 電腦編號19

5.	女性婚前必修	小野十傳著	200 元
6.	徹底瞭解女人	田口二州著	180 元
7.	拆穿女性謊言 88 招	島田一男著	200 元
8.	解讀女人心	島田一男著	200 元
9.	俘獲女性絕招	志賀貢著	200 元
10.	愛情的壓力解套	中村理英子著	200 元
11.	妳是人見人愛的女孩	廖松濤編著	200 元

・校園系列・ 電腦編號 20

1.	讀書集中術	多湖輝著	180 元
2.	應考的訣竅	多湖輝著	150 元
3.	輕鬆讀書贏得聯考	多湖輝著	150 元
4.	讀書記憶秘訣	多湖輝著	180 元
5.	視力恢復！超速讀術	江錦雲譯	180 元
6.	讀書 36 計	黃柏松編著	180 元
7.	驚人的速讀術	鐘文訓編著	170 元
8.	學生課業輔導良方	多湖輝著	180 元
9.	超速讀超記憶法	廖松濤編著	180 元
10.	速算解題技巧	宋釗宜編著	200 元
11.	看圖學英文	陳炳崑編著	200 元
12.	讓孩子最喜歡數學	沈永嘉譯	180 元
13.	催眠記憶術	林碧清譯	180 元
14.	催眠速讀術	林碧清譯	180 元
15.	數學式思考學習法	劉淑錦譯	200 元
16.	考試憑要領	劉孝暉著	180 元
17.	事半功倍讀書法	王毅希著	200 元
18.	超金榜題名術	陳蒼杰譯	200 元
19.	靈活記憶術	林耀慶編著	180 元

・實用心理學講座・ 電腦編號 21

1.	拆穿欺騙伎倆	多湖輝著	140 元
2.	創造好構想	多湖輝著	140 元
3.	面對面心理術	多湖輝著	160 元
4.	偽裝心理術	多湖輝著	140 元
5.	透視人性弱點	多湖輝著	140 元
6.	自我表現術	多湖輝著	180 元
7.	不可思議的人性心理	多湖輝著	180 元
8.	催眠術入門	多湖輝著	150 元
9.	責罵部屬的藝術	多湖輝著	150 元
10.	精神力	多湖輝著	150 元
11.	厚黑說服術	多湖輝著	150 元

12. 集中力		多湖輝著	150 元
13. 構想力		多湖輝著	150 元
14. 深層心理術		多湖輝著	160 元
15. 深層語言術		多湖輝著	160 元
16. 深層說服術		多湖輝著	180 元
17. 掌握潛在心理		多湖輝著	160 元
18. 洞悉心理陷阱		多湖輝著	180 元
19. 解讀金錢心理		多湖輝著	180 元
20. 拆穿語言圈套		多湖輝著	180 元
21. 語言的內心玄機		多湖輝著	180 元
22. 積極力		多湖輝著	180 元

·超現實心理講座· 電腦編號 22

1. 超意識覺醒法		詹蔚芬編譯	130 元
2. 護摩秘法與人生		劉名揚編譯	130 元
3. 秘法！超級仙術入門		陸明譯	150 元
4. 給地球人的訊息		柯素娥編著	150 元
5. 密教的神通力		劉名揚編著	130 元
6. 神秘奇妙的世界		平川陽一著	200 元
7. 地球文明的超革命		吳秋嬌譯	200 元
8. 力量石的秘密		吳秋嬌譯	180 元
9. 超能力的靈異世界		馬小莉譯	200 元
10. 逃離地球毀滅的命運		吳秋嬌譯	200 元
11. 宇宙與地球終結之謎		南山宏著	200 元
12. 驚世奇功揭秘		傅起鳳著	200 元
13. 啟發身心潛力心象訓練法		栗田昌裕著	180 元
14. 仙道術遁甲法		高藤聰一郎著	220 元
15. 神通力的秘密		中岡俊哉著	180 元
16. 仙人成仙術		高藤聰一郎著	200 元
17. 仙道符咒氣功法		高藤聰一郎著	220 元
18. 仙道風水術尋龍法		高藤聰一郎著	200 元
19. 仙道奇蹟超幻像		高藤聰一郎著	200 元
20. 仙道鍊金術房中法		高藤聰一郎著	200 元
21. 奇蹟超醫療治癒難病		深野一幸著	220 元
22. 揭開月球的神秘力量		超科學研究會	180 元
23. 西藏密教奧義		高藤聰一郎著	250 元
24. 改變你的夢術入門		高藤聰一郎著	250 元
25. 21 世紀拯救地球超技術		深野一幸著	250 元

·養 生 保 健· 電腦編號 23

1. 醫療養生氣功		黃孝寬著	250 元

2. 中國氣功圖譜	余功保著	250 元
3. 少林醫療氣功精粹	井玉蘭著	250 元
4. 龍形實用氣功	吳大才等著	220 元
5. 魚戲增視強身氣功	宮 嬰著	220 元
6. 嚴新氣功	前新培金著	250 元
7. 道家玄牝氣功	張 章著	200 元
8. 仙家秘傳祛病功	李遠國著	160 元
9. 少林十大健身功	秦慶豐著	180 元
10. 中國自控氣功	張明武著	250 元
11. 醫療防癌氣功	黃孝寬著	250 元
12. 醫療強身氣功	黃孝寬著	250 元
13. 醫療點穴氣功	黃孝寬著	250 元
14. 中國八卦如意功	趙維漢著	180 元
15. 正宗馬禮堂養氣功	馬禮堂著	420 元
16. 秘傳道家筋經內丹功	王慶餘著	280 元
17. 三元開慧功	辛桂林著	250 元
18. 防癌治癌新氣功	郭 林著	180 元
19. 禪定與佛家氣功修煉	劉天君著	200 元
20. 顛倒之術	梅自強著	360 元
21. 簡明氣功辭典	吳家駿編	360 元
22. 八卦三合功	張全亮著	230 元
23. 朱砂掌健身養生功	楊永著	250 元
24. 抗老功	陳九鶴著	230 元
25. 意氣按穴排濁自療法	黃啟運編著	250 元
26. 陳式太極拳養生功	陳正雷著	200 元
27. 健身祛病小功法	王培生著	200 元
28. 張式太極混元功	張春銘著	250 元
29. 中國璇密功	羅琴編著	250 元
30. 中國少林禪密功	齊飛龍著	200 元

・社會人智囊・ 電腦編號 24

1. 糾紛談判術	清水增三著	160 元
2. 創造關鍵術	淺野八郎著	150 元
3. 觀人術	淺野八郎著	200 元
4. 應急詭辯術	廖英迪編著	160 元
5. 天才家學習術	木原武一著	160 元
6. 貓型狗式鑑人術	淺野八郎著	180 元
7. 逆轉運掌握術	淺野八郎著	180 元
8. 人際圓融術	澀谷昌三著	160 元
9. 解讀人心術	淺野八郎著	180 元
10. 與上司水乳交融術	秋元隆司著	180 元
11. 男女心態定律	小田晉著	180 元
12. 幽默說話術	林振輝編著	200 元

國家圖書館出版品預行編目資料

做媽媽之前的孕婦日記／；林慈姮編著
－初版－臺北市，大展，民 89
面；21 公分－（家庭醫學保健;65）
ISBN 957-468-036-3（平裝）

1. 妊娠　2.分娩

429.12　　　　　　　　　　　　　　89014534

做媽媽之前的孕婦日記　　ISBN 957-468-036-3

編　者／林　慈　姮
發 行 人／蔡　森　明
出 版 者／大展出版社有限公司
社　　址／台北市北投區（石牌）致遠一路 2 段 12 巷 1 號
電　　話／(02) 28236031・28236033・28233123
傳　　真／(02) 28272069
郵政劃撥／01669551
登 記 證／局版臺業字第 2171 號
E-mail／dah-jaan@ms9.tisnet.net.tw
承 印 者／高星印刷品行
裝　　訂／日新裝訂所
排 版 者／千兵企業有限公司
初版1刷／2000 年（民 89 年）11月

定　價／180元

大展好書 ✕ 好書大展